Dominik Hoffmann

Die Vereinigten Staaten und die Globalisierung

GRIN Verlag

Bibliografische Information der Deutschen Nationalbibliothek:

Die Deutsche Bibliothek verzeichnet diese Publikation in der Deutschen National-
bibliografie; detaillierte bibliografische Daten sind im Internet über http://dnb.d-
nb.de/ abrufbar.

Impressum:

Copyright © 2012 GRIN Verlag GmbH
Druck und Bindung: Books on Demand GmbH, Norderstedt Germany
ISBN: 978-3-656-28597-7

Dieses Buch bei GRIN:

http://www.grin.com/de/e-book/202325/die-vereinigten-staaten-und-die-globalisie-
rung

GRIN - Your knowledge has value

Der GRIN Verlag publiziert seit 1998 wissenschaftliche Arbeiten von Studenten, Hochschullehrern und anderen Akademikern als eBook und gedrucktes Buch. Die Verlagswebsite www.grin.com ist die ideale Plattform zur Veröffentlichung von Hausarbeiten, Abschlussarbeiten, wissenschaftlichen Aufsätzen, Dissertationen und Fachbüchern.

Besuchen Sie uns im Internet:

http://www.grin.com/

http://www.facebook.com/grincom

http://www.twitter.com/grin_com

Universität Passau

Philosophische Fakultät

Lehrstuhl für Regionale Geographie

Proseminar: USA

Wintersemester 2011/12

„Die Vereinigten Staaten und die Globalisierung"

Inhaltsverzeichnis

1. Das Phänomen „Globalisierung" und die USA

Fast jeder kann sich heutzutage unter dem Begriff „Globalisierung" etwas vorstellen. Gehe man auf die Straße und würde mit den Passanten eine Art „Brainstorming" durchführen, fielen neben den Worten „Wirtschaft", „Verflechtung", „weltweit" und „Beziehung", früher oder später sicherlich die Begriffe „USA" und „MC Donalds". Eine Umfrage der Bloomberg Businessweek bestätigt diese Vermutung und zeigt auf, dass 56% der Befragten, Globalisierung und die USA in einen Kontext setzen würden. Der US-amerikanische Trendforscher John Naisbitt geht diesbezüglich sogar noch einen Schritt weiter und setzt beide Begriffe gleich. Demzufolge verstünde man unter Globalisierung nicht die „weltwirtschaftliche Verflechtung", sondern allein die wirtschaftlichen Aktivitäten der USA.[1] Doch wie kommt es zu einer solchen Gleichsetzung bzw. warum werden auf die Frage hin, was Globalisierung sei, ausschließlich die USA genannt um eine allumfassende Definition zu geben?

In den folgenden Unterpunkten werde ich näher auf diese Frage eingehen und versuchen, dieser Art Verknüpfungsmuster, anhand einiger Beispiele auf den Grund zu gehen.

Projizieren wir zunächst den Begriff „Globalisierung" auf das weltweite wirtschaftspolitische Spielfeld und klammern den Regionalisierungsaspekt anhand Dezentralisierungsprozessen aus, erfährt dieser eine grundlegende Bedeutung. Globalisierung ist kein Produkt der Zeit, sondern ein tiefgreifendes, dauerhaftes Phänomen welches durch „globale Wirtschaftsverflechtungen" gekennzeichnet ist. Demnach ist Globalisierung kein autonomer, selbsterhaltender Prozess sondern bedingt sich der Zusammenarbeit zwischen Regierungen auf höchster Ebene.[2]

Sie impliziert nicht nur nachhaltiges Wirtschaftswachstum, sondern führt auch zu einer sukzessiven Ausdehnung des wirtschaftlichen Wohlstands auf neue Teile der Erde.[3]

Viele Politiker aber auch Wirtschaftswissenschaftler stehen diesen Aussagen jedoch skeptisch gegenüber und sehen die Globalisierung als höchste Stufe des Kapitalismus, welcher den USA zu einem kontinuierlichen Aufstieg verhilft, indem sie versuchen alle anderen Länder einer amerikanischen Prägung zu unterziehen.

---

[1] NAISBITT (1986, S. 23).
[2] MEIER-WALSER (2002, S. 279).
[3] MEIER-WALSER (2002, S. 280).

Muss demnach davon ausgegangen werden dass sich die USA den internationalen Spielregeln einfach wiedersetzt, oder lässt der Rest der Welt einfach gewähren da wir uns ja in einem „funktionierendem System" befinden? Es lässt sich nicht leugnen, dass die Vereinigten Staaten von Amerika sowohl militärisch als auch ökonomisch den weltweiten Führungsanspruch erheben. Nach dem Zusammenbruch der Sowjetunion im Jahr 1991, ist die USA die einzige wirkliche Weltmacht.[4] Doch wie groß ist deren Einfluss auf unser Leben, die Kultur und das Denken wirklich?

Die Verbreitung von Technologien und das Wachstum der Wechselbeziehungen zwischen den Märkten, Politiken und Gesellschaften führen früher oder später unaufhaltsam zu einer Globalisierung der Lebensweisen. Wirtschaftliche und politische Abhängigkeit impliziert die Unterdrückung der eigenen Identität und grenzt persönliche Entscheidungsräume erheblich ein. In diesem Zusammenhang kann also bestätigt werden, dass die USA schließlich eine gewisse kulturelle Vormacht einnimmt![5]

2. Global Player „USA"

Innovationskraft sowie wirtschaftliche und kulturelle Stärke ermöglichen weltweiten Einfluss auf die Handlungsweisen der Bevölkerung.[6] Die Zeichen des amerikanischen Globalisierungsprozesses sind allgegenwärtig. So finden sich selbst in indischen Kleinstädten Filialen der Imbisskette McDonald's. Im weit entfernten Tansania ertönt amerikanische Rapmusik, in den Kinos von Taiwan und Ägypten fahren Batman und Robin über die Leinwände, im tibetischen Hochland finden sich amerikanische Buchtitel und in argentinischen Andendörfern kaut man Kaugummis, trägt Bluejeans oder bewegt den Kopf zur Musik von Jay-Z.

---

[4] MEIER-WALSER (2002, S. 283).
[5] ECKES, JR. et.al. (2003, S. 256).
[6] FÄßLER (2007, S. 227).

3

3. Die „Amerikanisierung" der Gesellschaft

Ein oft gebrauchter aber nur selten verstandener und doch in allen Mündern geläufiger Begriff ist in diesem Zusammenhang die „Amerikanisierung". Die Mehrzahl der Leute versteht darunter die „Vereinheitlichung" bzw. „Verwestlichung" der Welt. Der Kulturpolitiker, Dr. Bernd Wagner schreibt in seinem Buch „Kulturelle Globalisierung", diesbezüglich sogar von einem „kulturellen Einheitsbrei", welcher durch den amerikanischen Globalisierungsprozess entsteht.[7] Doch sind wir ehrlich müssen wir uns eingestehen, dass wir es den amerikanischen Großkonzernen, wie z.B. McDonalds, Coca Cola oder Nike nicht allzu schwer machen sich in unserer Gesellschaft zu etablieren. Laut dem McDonalds Corp. Annual Report gingen in Deutschland im Jahr 2008 mehr Big Macs, Cheeseburger und Hamburger über die Ladentheken als irgendeine traditionell deutsche Köstlichkeit.[8] Nike ist die meistverkaufte Sportmarke auf der Welt[9] und Coca Cola gehört ohnehin schon zu den Grundnahrungsmitteln.

Daher kommt es darauf an von welchem Standpunkt aus man den nicht gern gehörten Begriff „Amerikanisierung" betrachtet. Denn sind wir nicht alle schon ein bisschen „Amerika"? Lasse ich den heutigen Tag noch einmal revue passieren, muss ich feststellen, dass ich mich morgens mit Nike Air Sneakern und den Lyriks von Eminem in den Headphones auf den Weg in die Universität machte, wobei ich auf halber Strecke bei McDonalds einkehrte, um mir einen Kaffee und ein Frühstücksmenü zu kaufen. Doch wie wir alle wissen bin ich in diesem Zusammenhang keine Ausnahmeerscheinung. Statistiken zufolge besitzen 64% der in Deutschland lebenden männlichen Jugendlichen, zwischen 13 und 19 Jahren, mindestens ein Kleidungsstück auf dem das Nike-Zeichen eingestickt ist. Der Fast-Food-Gigant McDonalds hat weltweit täglich ca. 58 Mio. Kunden[10] und Coca Cola verkauft an einem Tag mehr als eine Milliarde Getränke.[11]

---

[7] WAGNER (2001, S. 16).
[8] MC. DONALDS CORP. ANNUAL REPORT (www.corpwatch.org).
[9] HEYDEN (2006, S. 13).
[10] MC. DONALDS CORP. ANNUAL REPORT (www.corpwatch.org).
[11] 125 JAHRE COCA COLA (www.focus.de).

4. Generation „Nike Mc´Coke"

Carmen Heyden schreibt in der Zeitschrift „Praxis Geographie", Nike sei nicht mehr nur eine Sportmarke, sondern ein gewisser „Lifestyle". Willst du dazu gehören – trägst du Klamotten von Nike![12] Sich gesund zu ernähren ist überbewertet – Geh zu „Mäcci" und kauf dir ein Maxi-Menü mit „Coke". Eigentlich traurig aber wahr! Immer mehr Jugendliche werden durch geschickte Werbekampagnen manipuliert und beeinflusst. Diese Manipulation führt wiederum zu einer gewissen Abhängigkeit, die sich in den Verhaltensweisen junger Menschen wiederspiegelt. Natürlich könnte man nun positiv argumentieren und sagen, Amerika habe dazu beigetragen unserer Jugend zu helfen sich miteinander zu identifizieren. Ursprüngliche Gemeinsamkeiten wie gleiche Interessen im Sport oder gemeinsame Gewohnheiten werden auf das Tragen von Nike-Sportartikeln und den täglichen Marsch zu McDonalds reduziert. Endlich hat unsere Jugend eine Freizeitbeschäftigung gefunden! Generation „Nike Mc´Coke" – Ein von mir selbst erschaffener Neologismus der die heutige Jugend meines Erachtens sehr gut beschreibt.

5. Die Schattenseiten der „Amerikanisierung"

Schließlich sind wir bei den Schattenseiten der „Amerikanisierung" angekommen und betrachten nun die Kehrseite der Medaille. Erneut wähle ich für meine Ausführungen die eingängigsten Symbole dieses ökonomischen Imperialismus, McDonalds, Coca Cola und Nike.

Der amerikanische Soziologe George Ritzer verkörpert mit seinem Schlagwort „Mc Donaldisierung" den prototypischen Übergang von traditionellen zu rationalen Geschäfts- und Gedankenmodellen.[13] Ebenso wie Coca Cola aber auch Nike ist McDonalds darauf bedacht, eine gewisse Abhängigkeit in den Lebensweisen der Menschen zu erreichen. Man versucht den Kunden an sein Produkt zu binden. Die Strategie besteht dabei darin, die Grenzen zu verlagern um neue Märkte zu erobern und die lokale Konkurrenz zu verdrängen.[14] Die Werbungen von McDonalds und Coca Cola verkörpern Lebensfreude und Spaß, doch was niemand von uns sieht bzw. weiß ist, dass beide Unternehmen jährlich mehrere millionen Hektar Anbauflächen und Wasserreservoire in Entwicklungsländern zerstören. Nike

---

[12] HEYDEN (2006, S. 13).
[13] RITZER (2006, S. 10).
[14] MEIER-WALSER (2002, S. 283).

verlagert die Produktion der Sportartikel auf kostengünstige Standorte in der ganzen Welt. Die Näherinnen und Näher leben an der Armutsgrenze. Die Löhne sind niedrig und die hygienischen Verhältnisse in den Textilfabriken, dezent ausgedrückt, auf einem sehr niedrigem Niveau.[15]

Die so prunkvoll dargestellten Hauptprotagonisten der Globalisierung sind also bei genauerer Betrachtung, keinen Bruchteil so seriös wie sie vorgeben zu sein.

Ist das wirklich der Traum des „American Way of Life"?

John Perkins, ein ehemaliger „Economic Hitman" der amerikanischen Regierung, gesteht in seinem Bestseller „Weltmacht ohne Skrupel", wie die USA darauf bedacht ist, systematisch Entwicklungsländer auszubeuten.[16]

6. Die Wirtschaftsmacht als „Motor der Globalisierung"

Trotz aller Vorwürfe die sich die USA hinsichtlich dieser erschreckenden Tatsachen gefallen lassen müssen, hat die Wirtschaftsmacht auch maßgeblich zur positiven weltwirtschaftlichen Verflechtung beigetragen. So werden beispielsweise durch die globale Zusammenarbeit, Forschungs- und Innovationskräfte beschleunigt, wobei der weltweite Handel stark forciert wird.[17] Darüber hinaus wird ein komplexes und lukratives Beziehungsgeflecht geschaffen, das zu einem stetigen Wirtschaftswachstum führt.[18]

Obgleich die USA sowohl einen positiven als auch einen negativen Beitrag zur Globalisierung geleistet haben, muss schließlich ein zusammenfassendes Ergebnis erarbeitet werden.

Die Geschichtsprofessoren Alfred E. Eckes Jr. und Thomas W. Zeiler erörtern diesbezüglich, in ihrem im Jahr 2003 erschienenen Buch „Globalization and the American Century", den durch die Vereinigten Staaten vorangetriebenen Globalisierungsprozess.[19] Bis zum Jahr 2015, so schreiben sie, werde die Welt durch einen von höchsten Technologien angetriebenen Schrumpfungsprozess auf einen Bruchteil ihrer heutigen Größe, bezüglich Distanzüberbrückung und den daraus resultierenden Fortschritten im Welthandel, komprimiert worden sein.[20]

---

[15] HEYDEN (2006, S. 14).
[16] PERKINS (2007, S. 66).
[17] GEISS et. al. (2004, S. 41).
[18] MEIER-WALSER (2002, S. 283).
[19] ECKES, JR. et. al. (2003, S. 256/57).
[20] ECKES, JR. et. al. (2003, S. 257).

6

7. USA oder Europa! – Wer übernimmt die Herrschaft des Wirtschaftsimperiums?

Aus den vorangegangenen Kapiteln wissen wir bereits, dass sich mit dem einhergehenden Schrumpfungsprozess verschiedene Fragen auftun, die sich sowohl mit der Entwicklung des weltwirtschaftlichen Geflechts, als auch den kulturellen Beziehungen beschäftigen. Betrachten wir das komplexe Spannungsfeld zwischen den positiven und negativen wirtschaftspolitischen Dimensionen, stellt sich jedoch nur eine Frage die projiziert auf das weltweite Beziehungsgeflecht eine besondere Rolle einnimmt. Wer wird letztendlich aus dem Globalisierungsprozess als Sieger hervorgehen?

Es ist unumstritten dass die Vereinigten Staaten von Amerika, wie bereits erwähnt, sowohl militärisch als auch ökonomischen den weltweiten Führungsanspruch erheben. Nach dem Wirtschaftswunder schien es als würden sie als unangefochtener Sieger aus der Globalisierung hervorgehen. Der von Ihnen bestrittene Systemwettbewerb auf internationalen Märkten, füllte die eigenen Kassen und hielt das Bruttoinlandsprodukt auf einem überdurchschnittlich hohen Niveau.[21]Obwohl Europa gegenüber den USA und Japan Mitter der 90er Jahre immer mehr an Bedeutung bezüglich des Globalisierungsprozesses verlor, setzte mit Beginn des neuen Jahrtausends ein neuer Strukturwandel ein. Demnach sind Aufholprozesse seitens der EU im Gange. So produzieren die USA beispielsweise zwar immer noch die meisten Computer oder Softwaren und treiben die Online-Revolution an, doch europäische Handyhersteller wie Nokia, Ericsson und Siemens liefern inzwischen zwei Drittel aller Handys, welche schon bald den Computer als Tor zum Internet ablösen könnten.[22]

Hierbei handelt es sich nur um eines vieler Beispiele, das die EU gegenüber den USA erstarken lässt. Zusammenfassend kann also argumentiert werden, dass die Vereinigten Staaten zwar immer noch das Zepter der Globalisierung in ihren Händen halten, Aufholprozesse seitens der EU diese jedoch vorsichtig danach greifen lässt.

[21] MEIER-WALSER (2002, S. 283).
[22] MEIER-WALSER (2002, S. 289).

Literaturverzeichnis

Primärliteratur:

1) MEIER-WALSER, R. C. (2002): Europa und die USA. Transatlantische Beziehungen im Spannungsfeld von Regionalisierung und Globalisierung. München.

2) NAISBITT, J. (1986): Megatrends. Harvard.

3) ECKES, A. E. JR. u. ZEILER, T. W. (2003): Globalization and the American Century. Cambridge.

4) FÄßLER, P. E. (2007): Globalisierung. Köln.

5) WAGNER, B. u. BECK-GERNSHEIM, E. (2001): Kulturelle Globalisierung. Zwischen Weltkultur und kultureller Fragmentierung. O. A.

6) HEYDEN, C. (2006): Nike produziert...Sportartikel? Lifestyle! In: Praxis Geographie 2006 (1), S. 13-17.

7) RITZER, G. (2006): Die McDonaldisierung der Gesellschaft. Maryland.

8) PERKINS, J. (2007): Weltmacht ohne Skrupel. Die dunkle Seite der Globalisierung – Wie die USA systematisch Entwicklungsländer ausbeuten. O.A.

9) GEISS, R. u. KROß, E. (2004): Globalisierung. In: Geographie Heute 217 (o.A.), S. 41.

10) FUCHS, M. (2006): Der globalisierte Standort. In: Praxis Geographie 2006 (1), S. 4-9.

Internetquellen:

1) MC. DONALDS CORP. ANNUAL REPORT <www.corpwatch.org> (19.10.2011)

2) 125 JAHRE COCA COLA <www.focus.de> (19.10.2011)